Lieferung 11 Preis 1 Mark

Gesamtpreis des Werkes gebunden 25 Mark

DIE ZEICHENKUNST

METHODISCHE DARSTELLUNG DES GESAMTEN ZEICHENWESENS

UNTER MITWIRKUNG
VON
A. ANDĚL, LUDWIG HANS FISCHER, M. FÜRST, O. HUPP, A. KULL, KONRAD LANGE, A. MICHOLITSCH, ADOLF MÖLLER, PAUL NAUMANN, F. REISS, A. v. SAINT-GEORGE, KARL STATSMANN, R. TRUNK, J. VONDERLINN UND HERMANN WIRTH

HERAUSGEGEBEN
VON

KARL KIMMICH

ZWEITE
VERBESSERTE UND VERMEHRTE AUFLAGE

MIT 1157 ABBILDUNGEN IM TEXT
UND 60 TAFELN IN FARBEN- UND LICHTDRUCK

23 LIEFERUNGEN à 1 MARK UND 2 EINBANDDECKEN à 1 MARK
KOMPLETT IN 2 ORIGINALLEINENBÄNDEN 25 MARK

LEIPZIG
G. J. GÖSCHEN'SCHE VERLAGSHANDLUNG

Einzelne Lieferungen werden nicht abgegeben

Die Abnahme von Lieferung 1 verpflichtet zum Bezug des ganzen Werkes

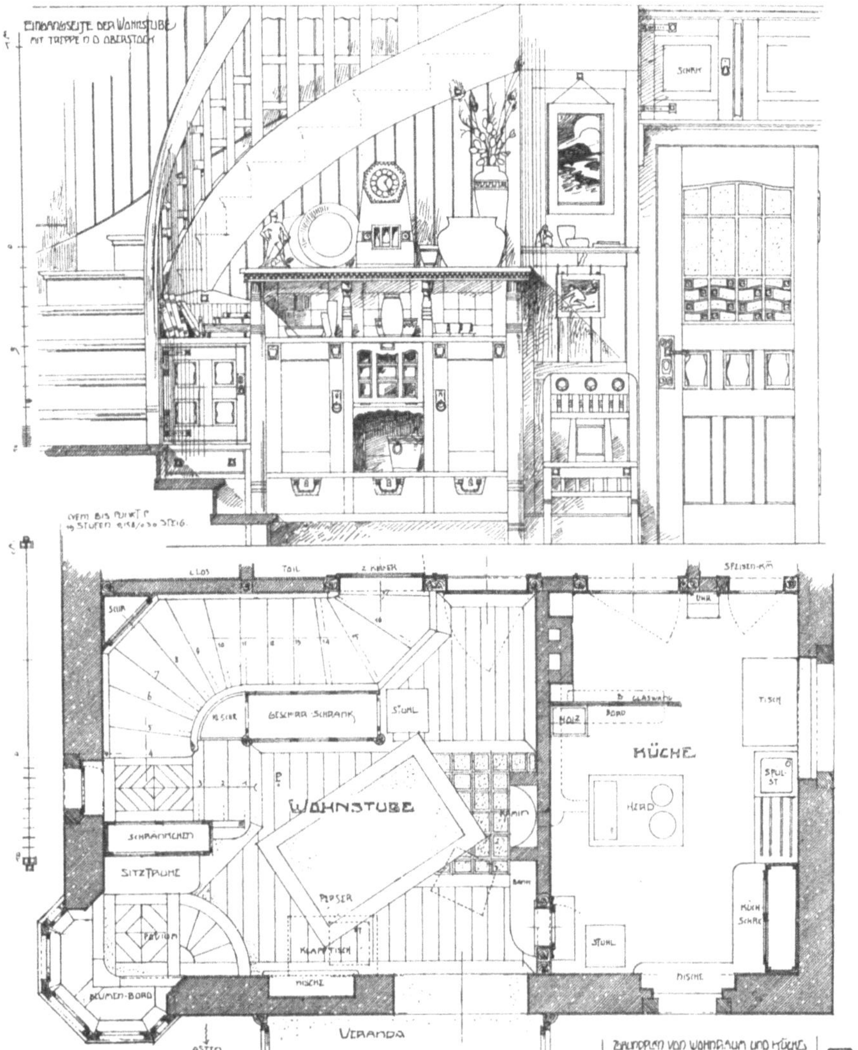

Fig. 679.

Die architektonische Komposition älterer Bauwerke kann häufig auf Grund der Maßaufnahmen festgestellt werden; nur hat man zu beachten, daß ein Bauwerk anders ausgeführt worden sein kann, als es komponiert worden ist. Der Komposition können bewußt oder un-

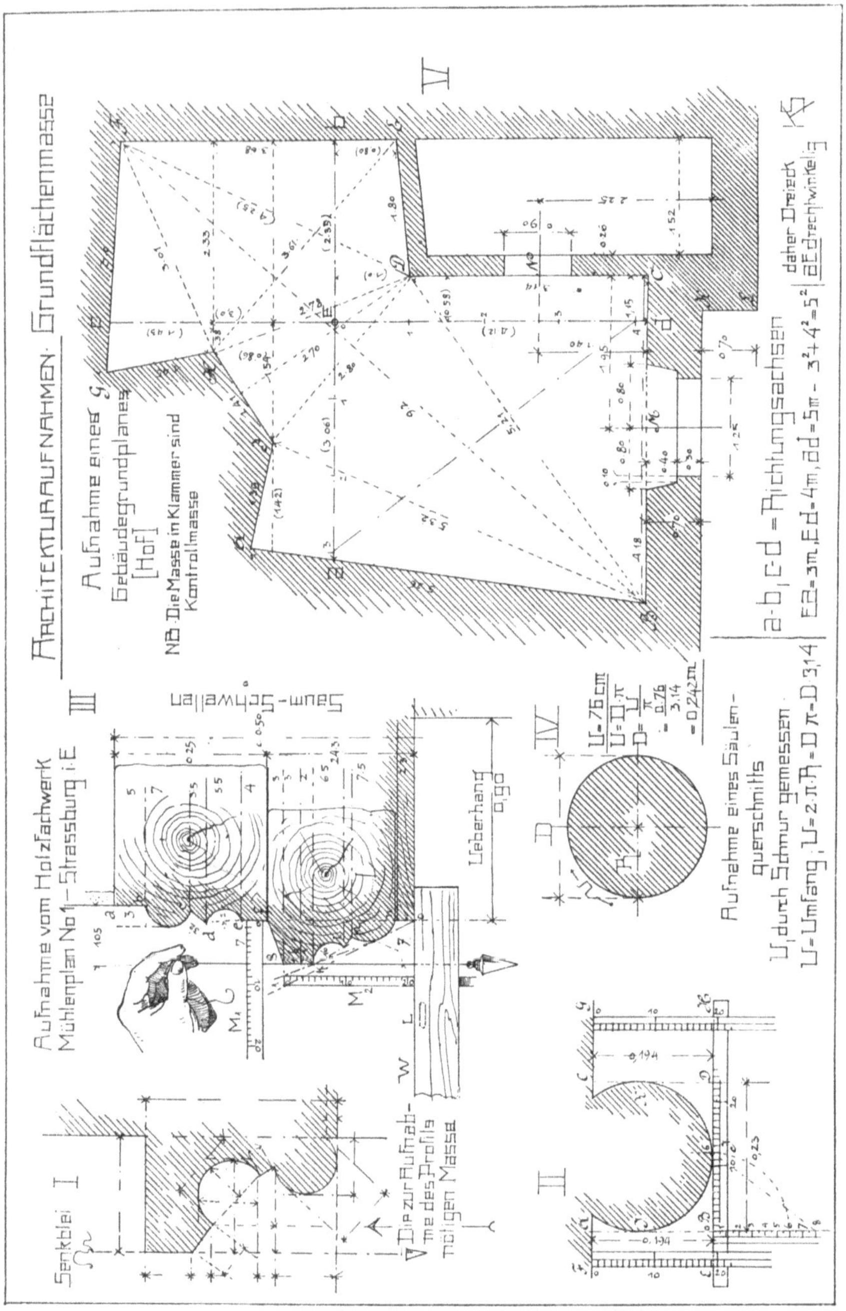
Architekturaufnahmen · Grundflächenmasse
Aufnahme eines Gebäudegrundplanes [Hof]
NB: Die Masse in Klammer sind Kontrollmasse
Aufnahme vom Holzfachwerk Mühlenplan No 1 – Strassburg i. E
Saum-Schwellen
Ueberhang 0,90
Senkblei
Die zur Aufnahme des Profils nötigen Masse
Aufnahme eines Säulenquerschnitts
U, durch Schnur gemessen
a-b, c-d = Richtungsachsen

Fig. 680.

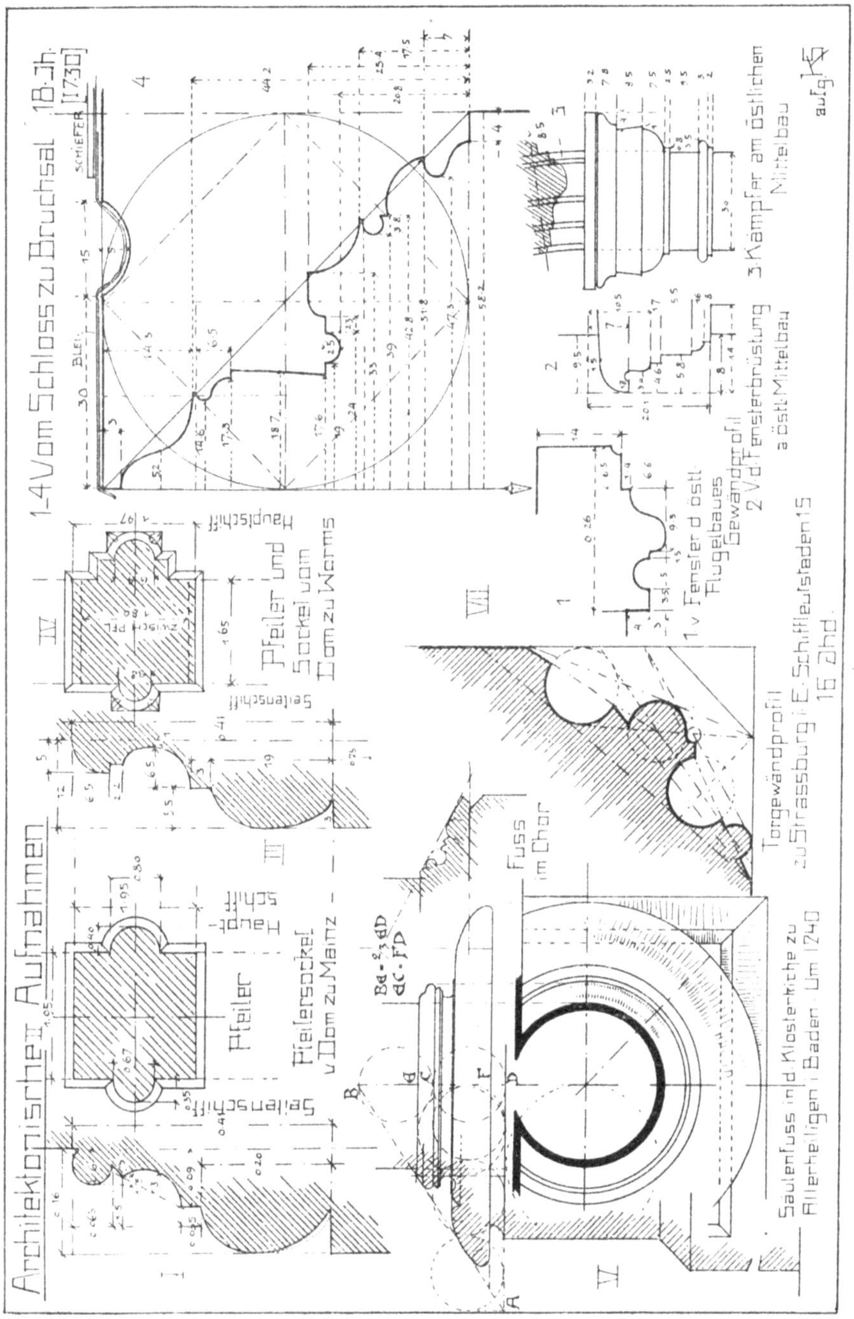
Architektonisches Aufnehmen
1:4 Vom Schloss zu Bruchsal 18. Jh. [1730]
Pfeiler
Pfeilersockel v. Dom zu Mainz
Pfeiler und Sockel vom Dom zu Worms
Fuss im Chor
Säulenfuss in d. Klosterkirche zu Allerheiligen i. Baden Um 1240
Torgewändprofil zu Strassburg i. E. Schiffleutstaden 15 16 Jhd.
1 v. Fenster d. östl. Flügelbaues Gewändprofil
2 V. d. Fensterbrüstung a. östl. Mittelbau
3 Kämpfer am östlichen Mittelbau
Hauptschiff
Seitenschiff

Fig. 681.

bewußt geometrische oder arithmetische Regeln zugrunde gelegt werden, welche durch Verhältnislinien nachgewiesen werden. [Näheres im Werke über Architekturproportionen von Dr. Höper, einem Schüler des Verfassers, woselbst die einschlägige Literatur angegeben ist.] Diese Proportionslinien können auch beim Entwerfen von Architekturen von Wert sein (vgl. v. Thiersch im Handbuch der Architektur), doch meist nur zur Nachkontrolle des freikünstlerisch Geschaffenen.

Das Entwerfen der Gebäude geschieht, wie schon geschildert, aus Ort, Zweck, Material usw. heraus. Bindende Regeln für den Aufbau der Fassaden geben die klassischen Ordnungen, welche auch später noch nachwirken, insbesondere in der italienischen Renaissance. Mitbestimmend in der Bauerscheinung ist die Gruppierung der Massen, die Flächenbehandlung, die Verteilung von Wand und Öffnung, die Dachform und Dachdeckung, die Art der Einzelheiten und ihre Einordnung, die Farbe. (Über architektonische Komposition vgl. Hdb. d. Architektur IV. 1. S. 11 und IV. 1. S. 8 u. f.) Daß Baueinzelformen den Stil eines Bauwerks noch lange nicht ausmachen, ist wohl allgemein nun bekannt. Über Stil und Baustile vgl. die einschlägigen Werke.

Es mag darauf hingewiesen werden, daß man guttut, einen Bau in allen Teilen reiflich zu studieren bei der Komposition, auch durch schaubildliche Studien oder Modelle. Am wirksamsten und zuverlässigsten sind Gipsmodelle in natürlicher Größe, in der richtigen Höhe aufgestellt. Bei dem hastenden Betrieb heutiger Baubureaus wird nicht stets der Ausreifung der Bauformen bei der Konzeption die genügende Aufmerksamkeit geschenkt. Man vergleiche damit die sorgsamen Studien alter Meister!

IV. Geschichte des architektonischen Zeichnens.

Wenn man Einritzungen von Gebäuden auf Tierknochen und Felsen aus der prähistorischen Steinzeit als architektonische Zeichnungen gelten lassen will, so haben wir hier die ersten Stufen des A. Z. Gleichsam eine Grundrißplanung sind die alten aus kleinen oder großen Feldsteinen gebildeten Steinkreise und Gehege. Vgl. auch den prähistorischen Wohnungsgrundriß in Form eines Kinderspielzeugs (v. Odilienberg i. Elsaß nach Dr. Forrer)[1]). Hochalterig sind eingeritzte Bauzeichnungen indischer und peruanischer Bauten, dann solche der ägyptischen Bauwerke aus den ersten geschichtlichen Jahrtausenden. Der ägyptische und auch der assyrische Reliefflachstil bildlicher Darstellungen auf Felsenwänden in harten Stein gemeißelt verleitete zur Betonung der Umrisse der Figuren und zur Bemalung.

[1]) In Homers Ilias lesen wir:

„Aber sie maßen im Kreise das Mal und legten den Steingrund
Rings um den Brand und häuften geschüttete Erde zum Hügel."

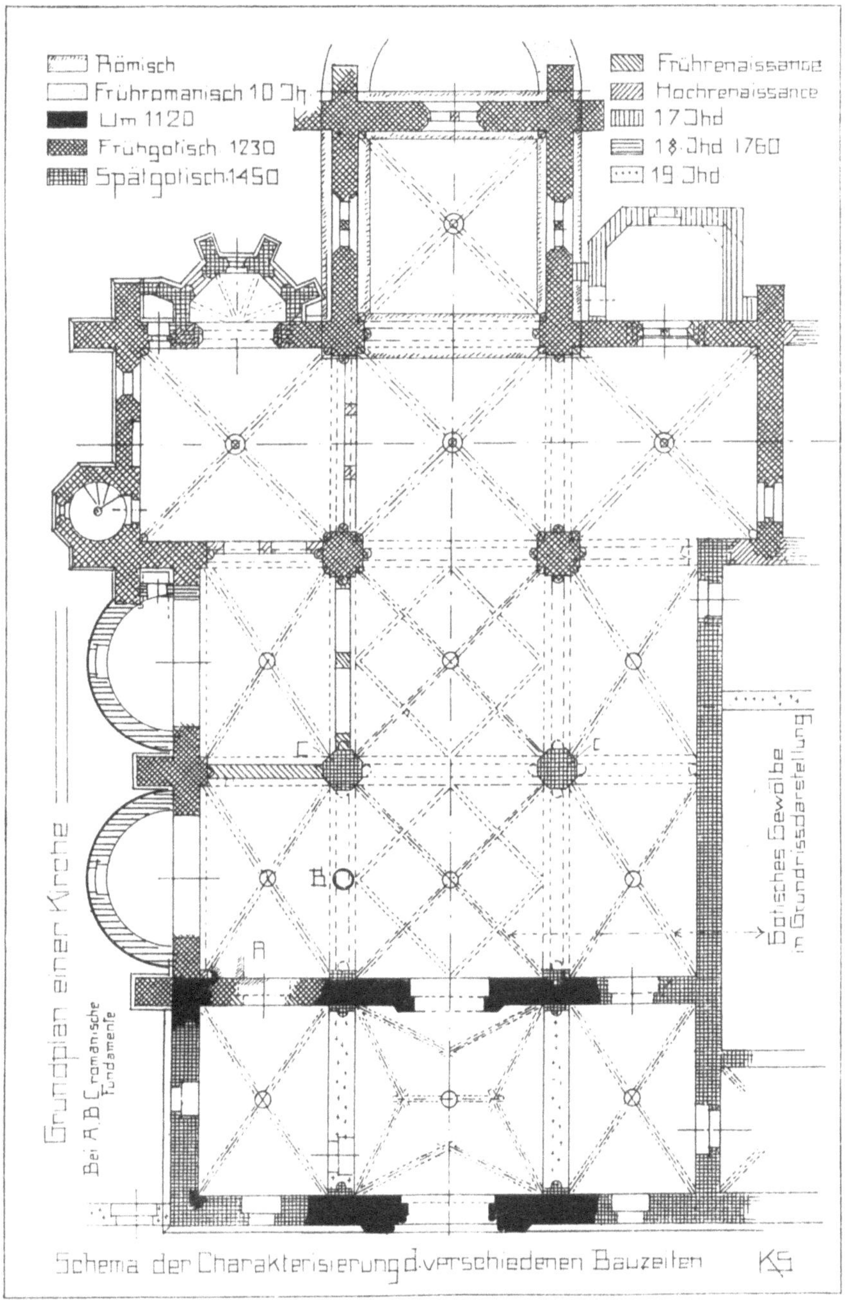
Römisch
Frühromanisch 10 Jh.
Um 1120
Frühgotisch 1230
Spätgotisch 1450
Frührenaissance
Hochrenaissance
17 Jhd
18 Jhd 1760
19 Jhd
Grundplan einer Kirche
Bei A. B. C. romanische Fundamente
Gotisches Gewölbe in Grundrissdarstellung
Schema der Charakterisierung d. verschiedenen Bauzeiten
KS

Fig. 682.

Hier sehen wir auch die ersten Versuche geometrischer Projektion, Gebäudegrundrisse, Lagepläne, wobei die Bäume umgeklappt eingezeichnet sind. Aber auch schon komplizierte Projektionen kommen vor, so die eines Lotoskapitells in schräger Lage, eine bewußte Vertikal- und Horizontalprojektion, nicht bloß ein Durchschnitt oder Schaubild. (Vgl. Borchardt in d. Zeitschrift f. Ägyptiologie 1896, Bd. 34, S. 69ff., sowie im Sitzungsbericht der Berliner Akademie 1889: Darstellung einer Projektion auf der Insel Philä etwa aus der Zeit des Ptolemäus IX.) Über Grundrißzeichnungen ägypt. Bauten vgl. Perrot u. Chipiez sowie Lepsius. Grundrisse stellen auch die Hieroglyphen [ ] dar, Haus oder Hof mit Tor; Lautwert pr, Bedeutung: Haus. Ferner Grundrißdarstellung einer Rundbefestigung, älteste bekannte Stelle in der Lebensgeschichte des Wy, zur Zeit des Königs Pepi in: Sethe, Urkunden des alten Reiches, S. 98, also mindestens 4000 Jahre alt (Mitteilg. v. Prof. Wellstein i. Straßburg). Über Arithmetik der Ägypter und Zeichnen derselben vgl. Prof. Schack v. Schackenberg i. d. Zeitschr. f. Ägyptiologie und Kantor, Geschichte der Mathematik; Eisenlohr, Hdb. d. Math. d. alten Ägypter.

Von Griechen, Etruskern, Römern sind auf Vasen und in Wanddarstellungen architektonische Zeichnungen erhalten geblieben, welche mehr oder minder freie phantastische Kompositionen geben und oft an schaubildlicher Güte zu wünschen übriglassen. Auch Grundpläne von Gebäuden und Stadtteilen, auf Stein geritzt oder reliefiert, sind erhalten, diese in richtiger Darstellung, aus späterer Zeit. Immerhin auffallend aber ist der Mangel an anderen hinterlassenen Bauzeichnungen, was auch vom Mittelalter und noch von der Folgezeit gilt. Häufig, insbesondere bei den Ägyptern, aber auch bei den Griechen, werden die Steine kaum aus dem Groben gehauen und erst nach dem Versetzen die architektonischen Gliederungen ausgemeißelt; auch Säulen wurden versetzt, die noch formlos waren, so in Philä, Egesta, Sardes, an den Propyläen in Athen. Ein System des allgemeinen Aufbaues aber muß vorhanden gewesen sein, vielleicht auch Bauskizze. „Man weiß, daß reisende Künstlergenossenschaften alle möglichen Künste nach Hellas gebracht haben; Praxis und Vorbilder kamen aus der Fremde und wahrscheinlich großenteils von den Ufern des Nil. Salomo, mit einer ägyptischen Königstochter vermählt, hatte sicher auch Künstler aus diesem Lande." (Durm, Hdb. d. Architektur, Bd. 1, Teil II.)

Das freie Zeichnen als Anwendung in der malerischen Darstellung war erst spät vervollkommnet. „Erst Alcibiades ließ sein Haus im Innern ausmalen." (Durm, ebenda.)

Über römische Bauart u. a. belehren die 10 Bücher des Vitruvius: „de architectura" (übersetzt Stuttgart 1865), in denen auch Baurisse enthalten sind. Insbesondere sind die Mitteilungen über ländliche Bauart beachtenswert, sie lassen uns die Vorstufen der gesäulten Hallenanlage erkennen, wie sie bei älteren nordischen Holzgebäuden verwandt vorhanden ist, bei ländlichen Bauanlagen sich noch erhalten hat und größere Beachtung in der Forschung verdient[1]).

Das Wort Zeichnen ist wohl vom Griechischen τέχνη = Kunst abzuleiten. Ein Hinweis, daß das Zeichnen mit als die älteste Kunstübung, andern vorausgehend, zu erachten ist!

Aus dem früheren Mittelalter sind uns nur wenige Bauzeichnungen erhalten, meist nur in kleineren Buchillustrationen (Miniaturen) und Wandbildern sowie auf Teppichen, vereinzelt auf Pergament, so der übermannsgroße Grundplan des Klosters St. Gallen aus dem 9. Jahrhundert. (Abb. b. Lübke, Geschichte d. deutschen Kunst.) Mit Ausnahme des letztern Planes zeigen jene architektonischen Darstellungen keinen wesentlichen Fortschritt gegenüber antikrömischen, in denen übrigens (Wandgemälde in Rom, Pompeji) schon teilweise Bedeutendes geleistet worden war. — In den Klosterschulen wurde im Quadrivium als Kunst nebst andern die Architektur gelehrt; Nachrichten lassen uns annehmen, daß man auch im Zeichnen und in dessen praktischer Anwendung (Feldmessen, Bauanlage)

[1]) Über germanische Firstsäulen vgl. Bem. des Verfassers im Werke: Das Bauernhaus im Deutschen Reiche, Dresden 1906, S. 259.

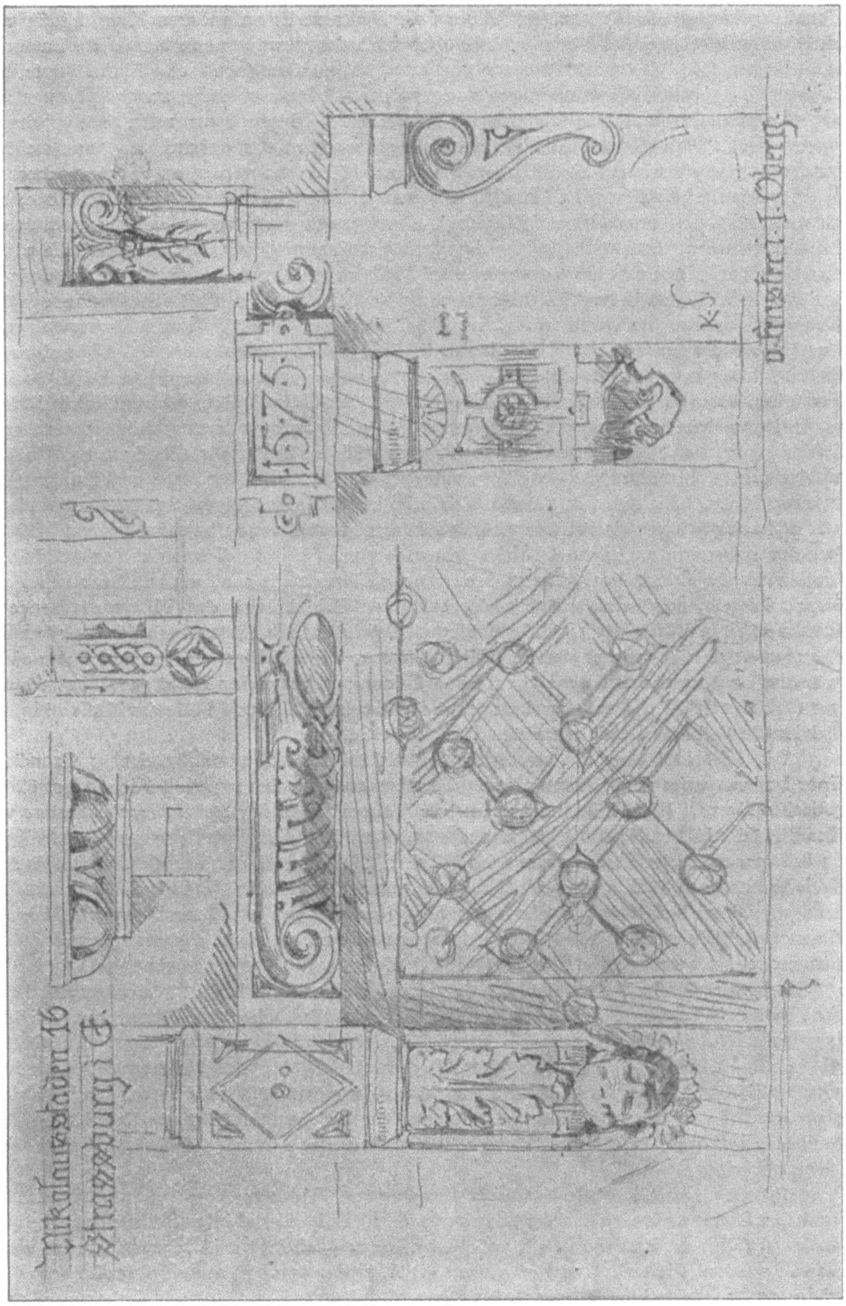

Fig. 683. Bleistiftskizze nach der Natur. Die Einzelmaße wurden auf besonderem Blatt aufgenommen.

Kenntnisse besaß. Die öftere Nachbildung eines Bauwerks an anderem Orte, häufig vermittelt durch klösterliche Mönchsorden, aber auch durch wandernde laienhafte Bauleute, wie sie schon zu Zeiten der Römer und zuvor bestanden (nordische Zimmerleute, die Cimbrer u. a., später die wandernden Langobarden als Steinarbeiter), zwingt uns zur Annahme vorhandener Baupläne oder doch Bauskizzen. Diese mögen freilich recht primitiv gewesen sein. Vielleicht gaben sie eine allgemeine Grundplananordnung, aus welcher heraus man ja stets leicht die Höhenentwicklung ableiten konnte. Denn es war schon bei den Ägyptern und später von Grundfiguren wie das Quadrat, das gleichschenkelige, das rechtwinkelig gleichschenkelige (Dreieck u. a.) ausgegangen worden. Der Querschnitt des Pantheon zu Rom fußt auf dem Quadrat bzw. (einbeschriebenen) Kreis. Auch die romanische Zeit zeigt noch eine Abhängigkeit vom Quadrat (Vierung, Chorquadrat, gebundenes System der Schiffanlage gewölbter Kirchen und von Zentralbauten), die Renaissance später vom Doppelquadrat, die Gotik u. a. vom gleichseitigen Dreieck. Unter Zugrundelegung dieser Figuren konnte man eine Höhenentwicklung der Kirchenbauten leicht bestimmen. Es scheint, als habe man in vielen Fällen sich auf solche geometrische einfache Hilfsmittel beschränkt ohne architektonische Teilzeichnungen; im Grunde die mittelalterliche Hüttenbaukunde, welche kein anderes Geheimnis als dieses, höchstens noch einige baustatische Erfahrungen in sich barg. Letztere waren aber mäßig an Umfang und Bedeutung. Meist ja probierte man, Hunderte von Gewölben stürzten ein, erst viele Versuche und Erfahrungen brachten Reife. Tüchtiges hat dann die Gotik in Wölbetechnik geleistet und aus dieser Zeit sind auch größere eingehendere Bauzeichnungen erhalten, so von den Domen in Köln, Straßburg, Bern u. a., genaue Aufrisse, in denen zum Teil in die Ansicht schaubildliche Studien eingefügt sind. Was man an Geometrie, an Baumaschinen, auch an Ornamentalem, damals leistete, zeigt einigermaßen das erhaltene Skizzenbuch des Villars de Honcourt aus der zweiten Hälfte des 13. Jahrhunderts. Gewiß hat man jetzt auch häufiger Modelle zu ornamentalen Teilen hergestellt, während zuvor, wie die Komposition und Form vieler romanischer Bauornamente zeigt, oft ohne Zeichnung aus freier Hand gearbeitet worden war (vgl. Kapitelle!). Darauf weist auch die Verschiedenheit und Fülle der Motive hin, die individuelle Selbständigkeit vermuten läßt, ohne Schema.

Wie sehr nun aber ein strengeres System bei bindender zeichnerischer Grundlage eines Bauentwurfes folgte, zeigen auch die Abmessungen der mittelalterlichen gewölbten gotischen Dome. (Vgl. Mitteilungen über die Proportionen des Straßburger Münsters von Knauth in der Illustr. Elsäss. Rundschau, 1907, sowie über die Klosterkirche zu Allerheiligen im Schwarzwald von K. Statsmann im Werke: Die Kunstdenkmäler des Großh. Baden, Kreis Achern, 1908.) Eingehendere Untersuchungen über beabsichtigte Gewölbestatik stehen noch aus, dazu bedarf es eingehendster Einzelforschungen auf Grund gewissenhaftester Messungen. Die meisten bisherigen Aufnahmen sind zu klein, zu allgemein, zu sehr baukünstlerisch, zu wenig mit Rücksicht auf den genannten Zweck beobachtend gefertigt.

Indessen war in der gotischen Zeit vieles durch schematische Art leicht herstellbar, ohne daß tiefe Überlegung nötig war. Deutlich wird das schon bei Betrachtung der Bildung eines Maßwerkfensters, dessen Komposition durch die einmal angenommene Grundschablone des Leibungs- bzw. Pfostenprofils (welches in dem der Leibung enthalten ist!) festgelegt ist, sowie durch das System der Bogenteilung und Anordnung der Maße (!) des Maßwerks. In der Bauherstellung des Innern der Kirche konnte man leicht durch Verwendung der Schnur und des Richtscheits verschiedene Punkte in gleiche Lage oder Richtung bringen. —

Seit dem 15. Jahrhundert entstehen nach dem Wiederaufleben des Studiums antiker Bauten in Italien und nach den Vermessungen durch italienische Meister die Buchwerke über Baukunst (Vignola, Palladio u. a.), welche im Norden bekannt und verwendet, auch nachgeahmt werden (Dietterlin) und in vielem die Anfertigung von Baurissen profaner Bauten erleichtern, auch entbehrlich machen. Denn z. B. für die Herstellung dorischer, ionischer, korinthischer Säulenordnungen besaß man nun einen vorbildlichen Kanon, aus den Durchmessern der Säulen war ihre Höhe, die Höhe von Postament, Gebälk und Säulenentfernung bestimmbar, außerdem waren die Maße für die Einzelglieder festgesetzt. Der Übergang der regeren Bautätigkeit vom Kirchenbau zum Profanbau hat aber ein Nachlassen der Regeln bindender Proportion bewirkt, soweit es den räumlichen Gebäudeaufbau betrifft,

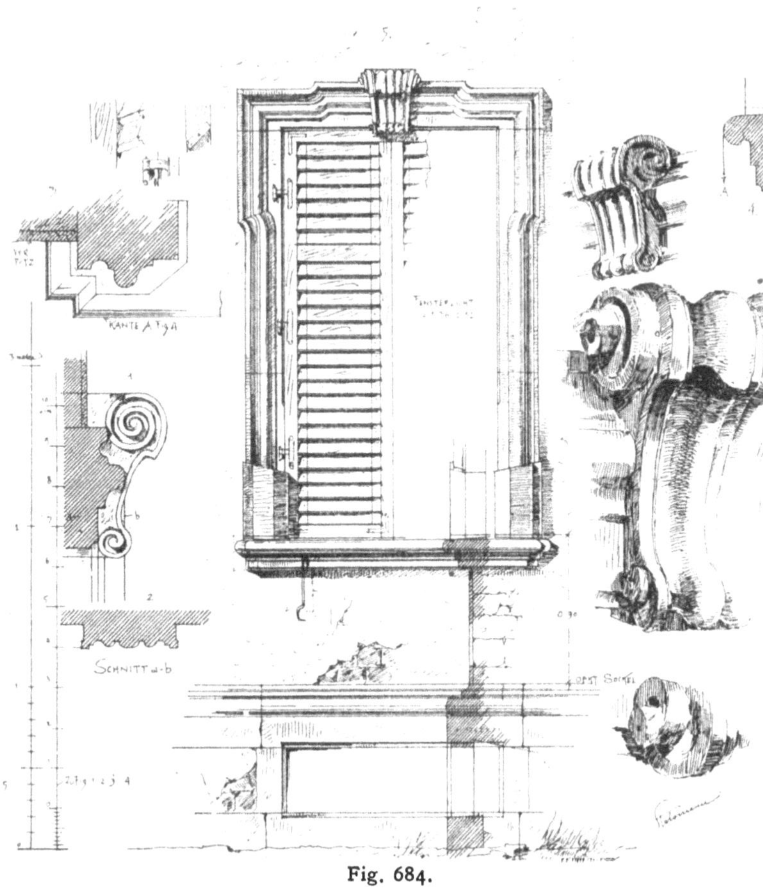

Fig. 684.

Aufnahmen vom Schloß zu Bruchsal i. B. (Bauformen von etwa Anno 1730).

insbesondere im Norden. Wichtiger erschien die reiche Gliederung der Flächen, und hierzu gab es reichliche Vorbilder und Eselsbrücken. Die Vervollkommnung von Holzschnitt und Kupferstich beförderte große Verbreitung auch von Bauformen, häufiger reiste und studierte man in der Fremde, auswärtiger Rat wurde eingeholt, die Anlage von größeren Städten und Befestigungen erforderte kartographische Darstellungen. Mittlerweile war auch die darstellende Geometrie, Schattenlehre und Perspektive nach dem Vorgange der Italiener im 15. Jahrhundert Wissenschaft und gefördert geworden. Die Entwürfe der italienischen Künstler des 16. Jahrhunderts, voran die von Bramante, Raffael, Sangallo, Michelangelo,

Palladio u. a., zeigen höchste Meisterschaft, was auch die Architekturdarstellungen der Malerei beeinflußt. Beides erscheint in der Vollendung in den Darstellungen von Piranesi.

In Deutschland folgte man, durch Lionardo angeregt, in wissenschaftlicher Arbeit langsam. Voraus gehen die von Holländern beeinflußten Versuche rheinischer Meister, wie die des Konrad Witz. Dann schreitet Dürer führend und meisterlich voran, die Gesetze der Perspektive und Beleuchtung sorgsam studierend. Lange noch hängt man am Malerischen der Architektur.

Erst die Blüte französischer Baukunst im 18. Jahrhundert und die große Zahl hervorragender Zeichner und Baukünstler dieser Zeit, auf italienische Vorbilder sich stützend, schafft wieder Kompositionen guter architektonischer Art, das Malerische und Dekorative an seine abhängige Stelle zurückführend. Der welsche Grundriß, die Fassade, das welsche Dach, sie werden Mode samt dem prunkhaften Innenausbau, welcher wieder architektonische Größe ausspricht. Aus dieser Zeit sind einige Teilzeichnungen, aber eine große Zahl von Bauentwürfen vorhanden, oft in vorzüglicher, auch schaubildlicher Darstellung des Äußeren, Inneren, der Ausstattung und Einzelheiten der Gebäude. Mit besonderer Virtuosität werden schaubildliche Innenarchitekturen dargestellt, auch architektonische perspektivische Schnitte.

Ständige Meisterateliers werden nun üblich. Noch nicht wird die Baukunst häufig auf Schulen gelehrt, zum Glück. Es erhält sich so etwas wie die ältere Hütte. Und die Handwerkerzünfte sorgen für gediegene individuelle Einzelarbeit der Gesellen. Zwar auch für das Handwerk werden zeichnerische Vorbilder geschaffen (vgl. die Werke der Schreinermeister Guckeisen und Eck in Straßburg u. a.). Noch aber wird manche Komposition aus Lust und Liebe vom Handwerker selbst erfunden.

Erst das 19. Jahrhundert sieht reichlicher Zeichenschulen und Bauschulen entstehen; nach französischem Vorbild wird Italien wieder maßgebend, man kehrt wieder zum Urquell klassischer Formen zurück, teils römische, teils hellenische erforschend oder nachahmend, oft in mißverstandener Auffassung. Sich antik geben wird allgemein modisch, römische schlichte Republikanertugend wird dann vorbildlich. Architektonische Kompositionen zeigen eine Hinneigung zur Nüchternheit, häufig gemachter manierierter Öde und Simplizität, wie sie heute wieder modisch ist.

Wie dann die Bauschulen als mittlere (Techniken, Baugewerkschulen) und höhere (Techn. Hochschulen) im Laufe des 19. Jahrhunderts entstanden, zum Teil in Anlehnung an ältere, ist bekannt. Und erklärlich ist auch, wie mit der Vervollkommnung der Reproduktionsverfahren (Stein- und Lichtdruck) und des Buchdruck- und Buchhandelwesens die Verbreitung architektonischer Formen regen Schritt hielt und damit der Fortschritt in der architektonischen zeichnerischen Darstellung und im Entwurfe. Hierzu hat außerdem das flotte Geschäftsleben und die Veranstaltung architektonischer Entwurfswettbewerbe beigetragen.

Bedauerlich ist, daß nach Abtrennung der Universitäten von den Technischen Hochschulen auf ersteren nur der wissenschaftliche Teil der Baukunst gelehrt wird, ohne daß eine genügende bautechnische Grundlage dazu geschaffen wäre. Eine Verschmelzung beider Anstalten in irgendwelcher Art in dieser Hinsicht oder eine Ergänzung täte dringend not, insbesondere bei dem guten Fortschritt der Denkmalspflege, welche architektonisch geschulte Leute braucht.

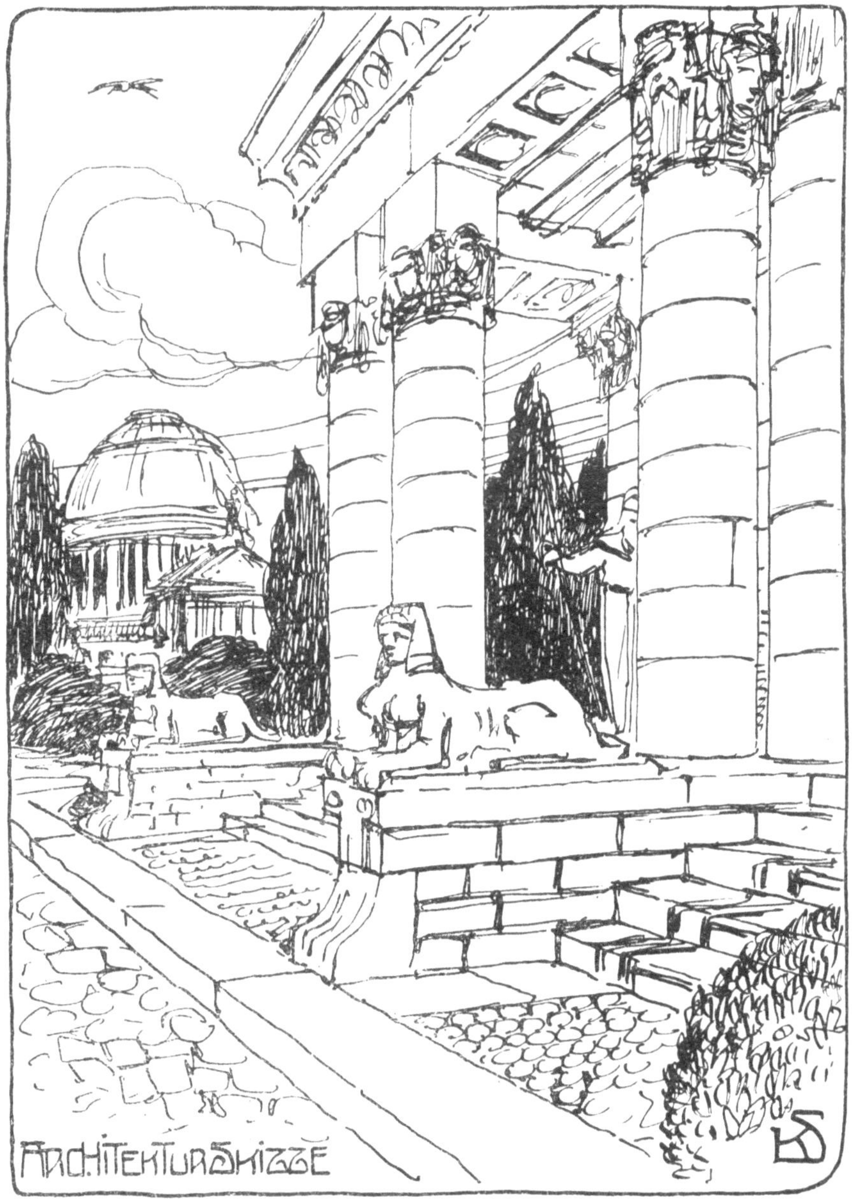

Fig. 685.

IX

Das Skizzieren von Pflanzen

Von

Paul Naumann

Laien und Anfänger erachten das Skizzieren eines Gegenstandes als gleichbedeutend mit dem ganz flüchtigen und fast wertlosen Aufzeichnen desselben. Und doch ist es sehr schwer, eine Skizze in wenigen Minuten anzufertigen, die den Gegenstand so wiedergibt, wie derselbe in Wirklichkeit ist. Tüchtiges wird darin nur von dem geleistet werden, der wirklich zu zeichnen versteht und sich durch vieles Sehen und Zeichnen große Übung im Auffassen und Wiedergeben von Formen erworben hat.

Man skizziere nur mit einem weichen Material (bei Bleistift mit Nr. 2, später mit Nr. 1), der weiche Stift gleitet leichter auf dem Papier hin. Fürchtet man das Verwischen des Striches, so fixiere man ihn mit Fixativ (durch Überstäuben von in Spiritus aufgelöstem Schellack mittels Gebläse). Beim Skizzieren vermeide man, wenn man nicht bezweckt, einen gewissen Effekt zu erzielen, einen aus millimetergroßen Linienstückchen zusammengestoppelten Strich, bemühe sich vielmehr, diesen etwa von oben nach unten mindestens so lang zu ziehen, als es die Bewegung der ersten drei Finger der Hand zuläßt, so, wie man Schrift schreibt. Halbrunde Formen runde man nicht ab, sondern lasse lieber anfangs die Eckigkeit der Formen mehr hervortreten; Abrundung macht die Formen knochenlos, weichlich; auch bausche man nicht schwache Bewegungen zu starken auf, sie werden damit zu krankhaften Schwellungen.

Zuerst ist auf dem Papier, in Überlegung, was noch auf dieses kommen soll, die Stelle zu bestimmen, auf die die Pflanze gestellt werden soll: meist nicht an den Rand des Papiers, sondern in die Mitte mit breiter leerer Umrandung. Durch die Stellung der einzelnen Blumen, Blüten und Blätter zueinander in ihrer Raumverteilung läßt sich ein angenehmes oder häßliches Bild erzielen.

Man beginne seine Skizze damit, daß man zunächst die Gesamthöhe und Breite des Gegenstandes bestimmt. Reicht das Papier nicht für die Pflanzen in ihrer natürlichen Größe, so skizziert man sie in $^1/_3$ oder $^1/_4$ usw. ihrer Naturgröße und führt alle ihre Verhältnisse zueinander auf $^1/_3$ oder $^1/_4$ zurück.

Erste Aufgabe sei z. B. das Aufskizzieren eines Löwenzahnblattes, wie es nach den Figuren 686—689 werden soll. Man ziehe unter Berücksichtigung dessen, was noch auf das Papier außer diesem gesetzt werden soll, die Mittellinie a b wie in Figur 687 und bestimme damit zugleich die Höhe des Löwenzahnblattes. Sodann sucht man den Punkt d der größten Breite des Blattes nach links in seiner Höhe mit $^1/_3$ der Gesamthöhe a b und zu gleicher Zeit den Punkt e der größten Breite nach rechts, hierauf ziehe man die Mittellinie des Blattes durch Punkt c, der leicht in seiner Abweichung von der Senkrechten im Vergleich zu dieser zu finden ist, nehme die linke größte Breite c d, wie aus dem Naturblatt zu ersehen ist, gleich der Hälfte c b und die rechte Breite c e etwa gleich $^1/_3$ von c b, suche sodann durch Vergleichung von beiden Breiten die Punkte f und g und ziehe durch alle gefundenen Punkte die Kontur des Gesamtblattes. Nach Feststellung dieser Hauptumrißlinie verfahre man, aus den großen Formen in die kleineren übergehend, in gleicher Weise. Teilungspunkte, die in der Hälfte, im Drittel und vielleicht noch im Viertel einer Höhe oder Breite liegen (wie in Fig. 687 c d = $^1/_2$ von c b, e c = $^1/_3$ von c b; in Fig. 688 a h = $^1/_2$ knapp von a d; a i = $^1/_2$ von i k usw.), sind am besten zu benützen, weil solche Teile leichter zu bestimmen sind. Von der Richtigkeit der Körperformen und Blattzacken überzeuge man sich nicht allein durch Vergleichen derselben miteinander, sondern auch durch Vergleichen der von ihnen eingeschlossenen Zwischenräume. Man prüft die Richtigkeit der Formenauftragung durch Vergleichung der Zwischenräume und der Richtungslinien, sowie durch Verlängern derselben, bis sie sich schneiden. Je unsicherer man im Zeichnen ist, desto sorgfältiger beobachte man die Punkte, die senkrecht übereinander und wagrecht nebeneinander liegen, und benütze dazu fleißig den Bleistift durch senkrechtes oder wagrechtes Vorhalten vor die Pflanzen, sobald sie nur einigermaßen etwas hoch oder breit werden. Man beginne ja nicht mit der Einzeichnung aller Einzelheiten, sondern gebe erst deren Hauptformen an, bis zuletzt die kleineren Formen eingefügt werden. Man gewöhne sich, die Pflanze recht einfach zu sehen, und nehme zunächst nur das in die Zeichnung auf, was man mit stark zusammengekniffenen Augen klar zu erkennen vermag. Dies ist auch nötig, wenn man nach dem Aufskizzieren der Konturen den Schatten, später auch die Farbe der Pflanzen durch Schraffierung usw. angeben will. — Eine gute Übung im Auffassen und Wiedergeben von Formen ist das Skizzieren ein und derselben Pflanze in der gleichen Stellung in den verschiedensten Größen und mit verschiedenstem Zeitaufwand. Auch ein wiederholtes 10-, 20faches Pausen einer Sache mit möglichst wachsender Schnelligkeit ist ein gutes Hilfsmittel, schnell und geläufig arbeiten zu lernen. Um Verkürzungen zu üben, nehme man Motive, wo (wie in Fig. 690, Efeublätter) die Blätter in voller Draufsicht und Seiten-

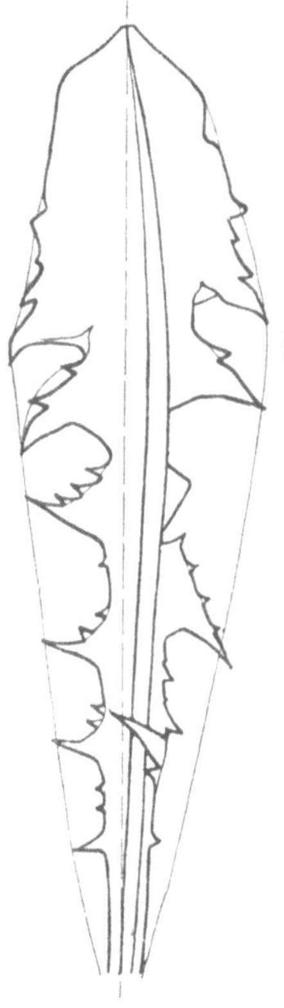

Fig. 686.

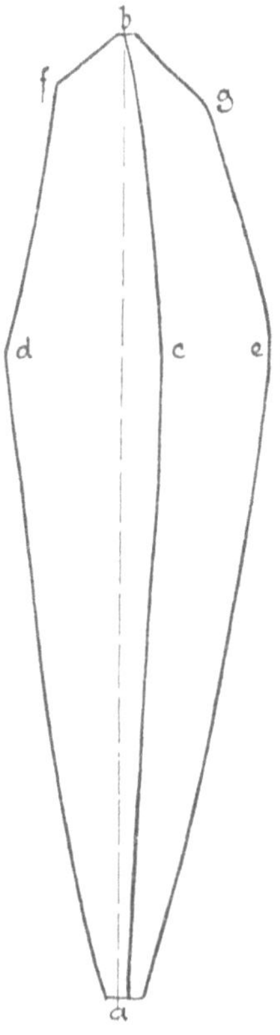

Fig. 687.

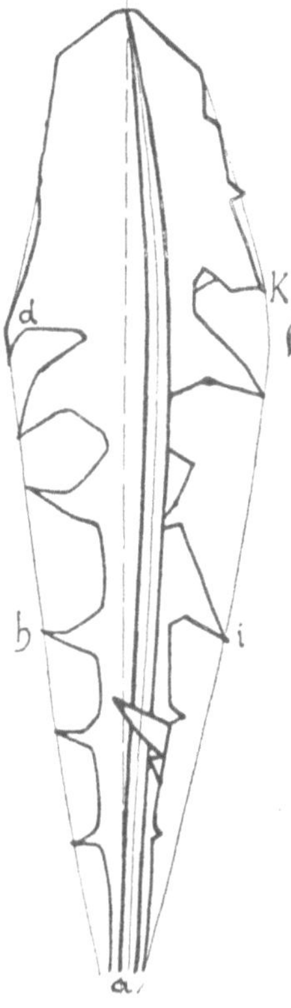

Fig. 688.

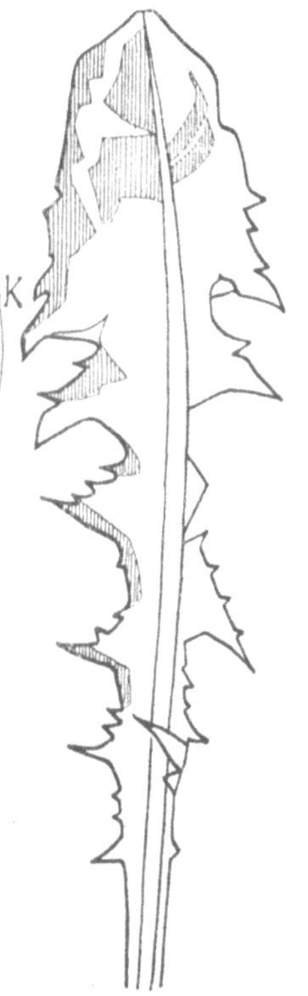

Fig. 689.

ansicht sowohl, als in verkürzter Stellung nach Natur zu zeichnen wären. Man bevorzuge Stellungen, die eine lockere Kontur und eine klare Form ermöglichen; verschiedene Stellungen erziele man durch fleißige Benutzung der Sandschachtel[1]).

[1]) Die Blume wird, damit sie Nahrung hat und nicht umsinkt, möglichst tief in eine mit Wasser gefüllte Flasche getan, diese gut mit Papierwickel verschlossen und in eine Schachtel mit Sand gestellt. Die gewünschte Lage erhält man alsdann durch Drehen der Flasche.

Bei Wiedergabe der Abtönung der Pflanze durch den Stift suche man die Farbwerte der einzelnen Töne zueinander wiederzugeben, also helle Farben hell und tiefe dunkel zu halten. Zur Bestimmung von hellen Tönen vergleiche man diese gegen das weiße Zeichenpapier oder die Manschette, von dunklen gegen den dunklen oder schwarzen Ärmelstoff; außerdem vergleiche man oft noch die einzelnen Töne untereinander. Anfänger halten die hellen Blumen in der Farbe und im Schatten meist so kräftig, daß dieselben oft dunkel erscheinen. Vorteilhafter stellen sich solche helle Blumen dar, wenn man ihnen durch Schraffierung oder Farbe einen dunklen Hintergrund gibt. In der Schwere der Schraffierung der Blumen und Blätter muß man die Farben dieser erkennen, so wie dies der Fall ist in der Wiedergabe eines Gemäldes in Holzschnitt usw.

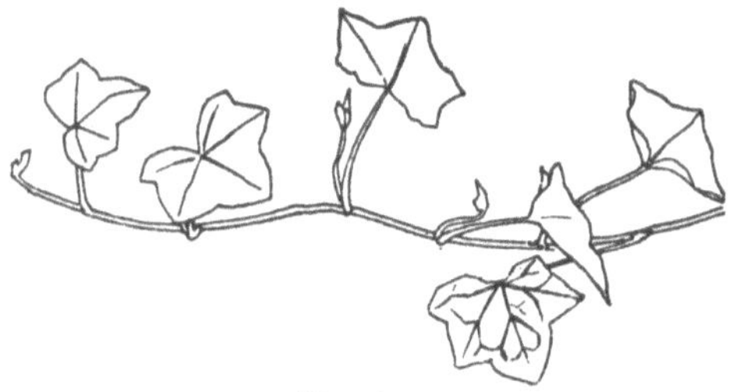

Fig. 690.

Nur durch große Übung wird man hinter die Schwierigkeit kommen, vorn und hinten liegende Blätter oder Blumen in dieser Erscheinung wiedergeben zu können. Am ehesten wird durch fortwährendes Vergleichen der Dunkelheiten sowohl von vornliegenden mit hintenliegenden Farben, als auch der Größenverhältnisse der Formen untereinander die plastische und perspektivische Wirkung erzielt. Das Vergleichen von dem einen mit dem anderen ist überhaupt bei der Farbe, diese auch nur in Bleistift ausgedrückt, notwendig. Man sollte immer, wie man die Hauptpunkte der Höhen- und Breitenrichtung bestimmt, auch bei der Färbung zunächst die hellste und die dunkelste Stelle des Gegenstandes suchen und danach alle anderen Tiefen und Helligkeiten bestimmen. Jeder Ton, der nicht so weiß ist wie das Papier, muß durch Schraffierung abgetönt werden; jede Tiefe, die nicht den durch den Bleistift erreichbaren Grad der Schwärze hat, müßte heller als dieser bleiben.

Papiere vorzuschreiben ist wohl unnötig, man probiere selbst aus, welches der Papiere sich für die verschiedensten Techniken eignet. Bei

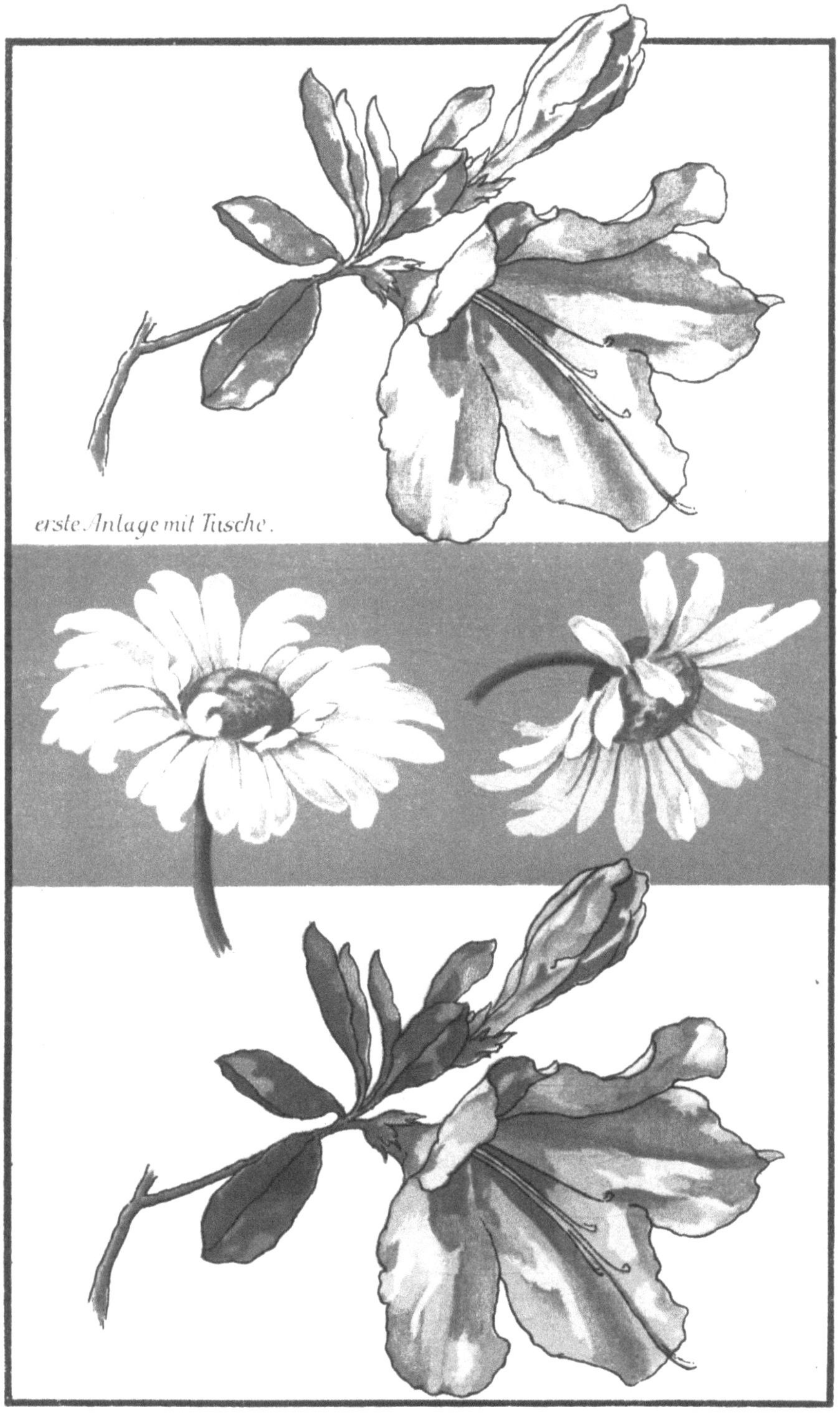

K. Kimmich: Blumen in Aquarell- und Deckfarbe.

farbigen Skizzen genügt die auf Tafel XXIX vorgeführte Art: eine flotte Kontur und Anlegen der Flächen in glatten Tönen. Genügt dies nicht, so kann man nach dem Auftragen des Farbtones den Schatten und andere Effekte durch Bleistift zufügen, sowie auch durch Aufsetzen mit dem Pinsel von Deckweiß (event. gebrochen) oder durch den Kreidestift an den hellsten Lichtpartien dem Ganzen einen größeren Reiz geben. Anstatt des Aufsetzens des Lichtes kann auch versucht werden, dieses auszusparen. Was das Schattieren durch den Stift anbelangt, so ist es leichter, die Striche zu einer gleichmäßig hellen oder tieferen Fläche ineinander zu schraffieren, je nachdem ein heller oder dunkler Ton erforderlich ist. Vielfach lenkt den Zeichner aber die Natur selbst zu der von ihm zu wählenden Technik hin, wenn man sich an die Struktur der Blumen und Blätter hält und danach die Formen schraffiert. Andere Zeiten bevorzugen andere Techniken; vielleicht veranlassen auch andere Zusammensetzungen von Materialien, Papier und Stifte usw. andere Ausdrucksweisen; dem Wechsel ist eben alles unterworfen.

X

Das Pflanzenzeichnen

Von

Paul Naumann

Das Zeichnen von Pflanzen wird, weil es mit größeren Schwierigkeiten verbunden ist, als das Zeichnen lebloser, feststehender Körper, wohl immer erst bei den Schülern begonnen werden können, die auf einer fortgeschritteneren Stufe des Zeichnens stehen. Wenn es auch Hilfsmittel gibt, geschnittene Blumen z. B. in einer verkorkten Flasche mit Wasser ungefähr in ihrer Form einige Zeit zu erhalten, so gehen mit ihnen doch Veränderungen vor in ihrer Lage durch ihr Weiterwachsen usw., die für den Schüler, der verhältnismäßig nur langsam zu arbeiten gewohnt ist, recht störend sind. Auch Blumen in Töpfen verändern sich naturgemäß, nicht allein durch ihr stetes Weiterwachsen, Auf- und Verblühen, sondern auch indem sie sich in einem sonnigen oder hellen Zimmer mehr oder weniger mit dem Licht drehen. Wenn der Schüler erst einmal die Fertigkeit sich erworben hat, schnell zu arbeiten und sich von kleinen Veränderungen nicht beirren zu lassen, wird er sich vom Einfachen zum Komplizierteren wenden.

Sind einzelne Blätter mit oder ohne Früchte, etwa von Ilex, die ziemlich fest und ruhig stehen, ohne sich schnell wie andere zu verändern, noch zu schwer, so greife man zunächst ruhig zu getrockneten, unveränderlichen Blumen und Pflanzenteilen, größeren Samenbildungen, Mohnköpfen, Kastanien in Schale am Stil u. a. m., was die Jahreszeit bietet; sind doch diese einfachen Motive später auch recht gut zu verwerten bei den Anfangsstudien zum Malen. Wie bei allem Zeichnen, so bedeutet auch hier das Zeichnen von Pflanzen nicht nur ein einfaches Nachzeichnen der gesehenen Formen, ein geistloses Abschreiben derselben von der Natur, sondern es wird immer ein geistiges Insichaufnehmen der Formen mit dem Zeichnen verbunden sein müssen. Es sollen gewissermaßen die Formen nicht direkt vom Gegenstand, sondern erst auf dem Umweg durch den Kopf des Zeichnenden, „aus dem Kopf" und aus der Erinnerung, wenn auch nur für einen ganz kleinen Zeitraum, auf das Papier getragen werden. Wie man den fliegenden Vogel, ein springendes Pferd in sich aufnehmen und sich im Kopf vorstellen muß, um es aus der Erinnerung in allen seinen Bewegungen als lebendiges Gebilde auf Papier zu bringen, so soll auch jeder feststehende Gegenstand den gleichen Weg der Vorstellung im Kopf nehmen.

Wie Menschen und Tiere, so haben ja auch die Pflanzen ihre Knochen, Muskeln und Sehnen in ihren Rippen, die nicht beliebig verändert werden können. In ihrem Aufbau sind Gesetze mehr oder weniger versteckt oder klar, die erkannt wiedergegeben sein wollen. Zu beachten sind vor allem im Anfang die Ansätze vom Blatt am Zweig, vom Zweig am Ästchen usw., aber nicht bloß in ihrer äußerlichen Form, sondern möglichst mit der Vorstellung des innerlichen Wachstums unter der schützenden Haut, wie beim menschlichen Körper das Skelett. Eine Hand darf nicht aus-

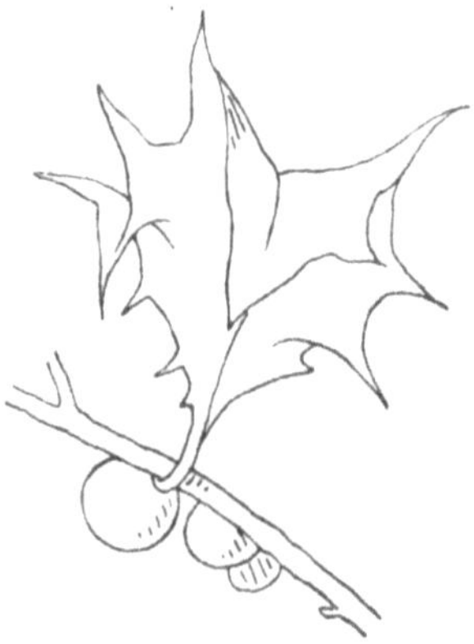

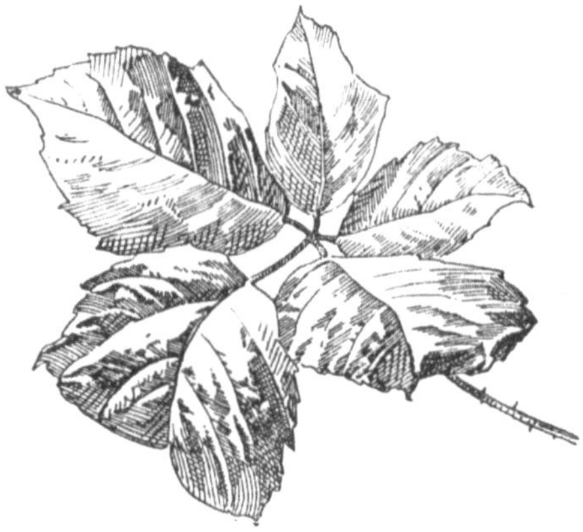

Fig. 691. Fig. 692.

Kimmich: Einzelstudien.

sehen wie ein aufgeblasener Handschuh. Beim Aufzeichnen des einfachen Blattes in seiner lebendigen Bewegung, mit seinen Rippen, ziehe man nicht bloß Striche, die die Rippen bedeuten sollen, sondern zeichne wirkliche Rippen mit den von ihnen eingeschlossenen Zwischenräumen. Dabei sehe man nicht nur die Form und Richtung einer, sondern mehrerer in irgend einem Winkelverhältnis zueinander stehender Rippen. Auch bei den kleinen Formen der Zacken, Dornen usw. sehe man nicht nur diese in ihrer Fläche, sondern auch die von ihnen eingeschlossenen Lufträume; überhaupt nie Linien, denn diese gibt es nicht, sondern immer nur Flächen in ihrer gegenseitigen Wirkung. Man gewöhne sich auch, nicht bloß Einzelformen, sondern immer möglichst das Ganze im Vergleich zu- und untereinander zu übersehen, sonst erhalten die Formen keine zusammenhängende Gesamtwirkung und erscheinen wie aneinander-

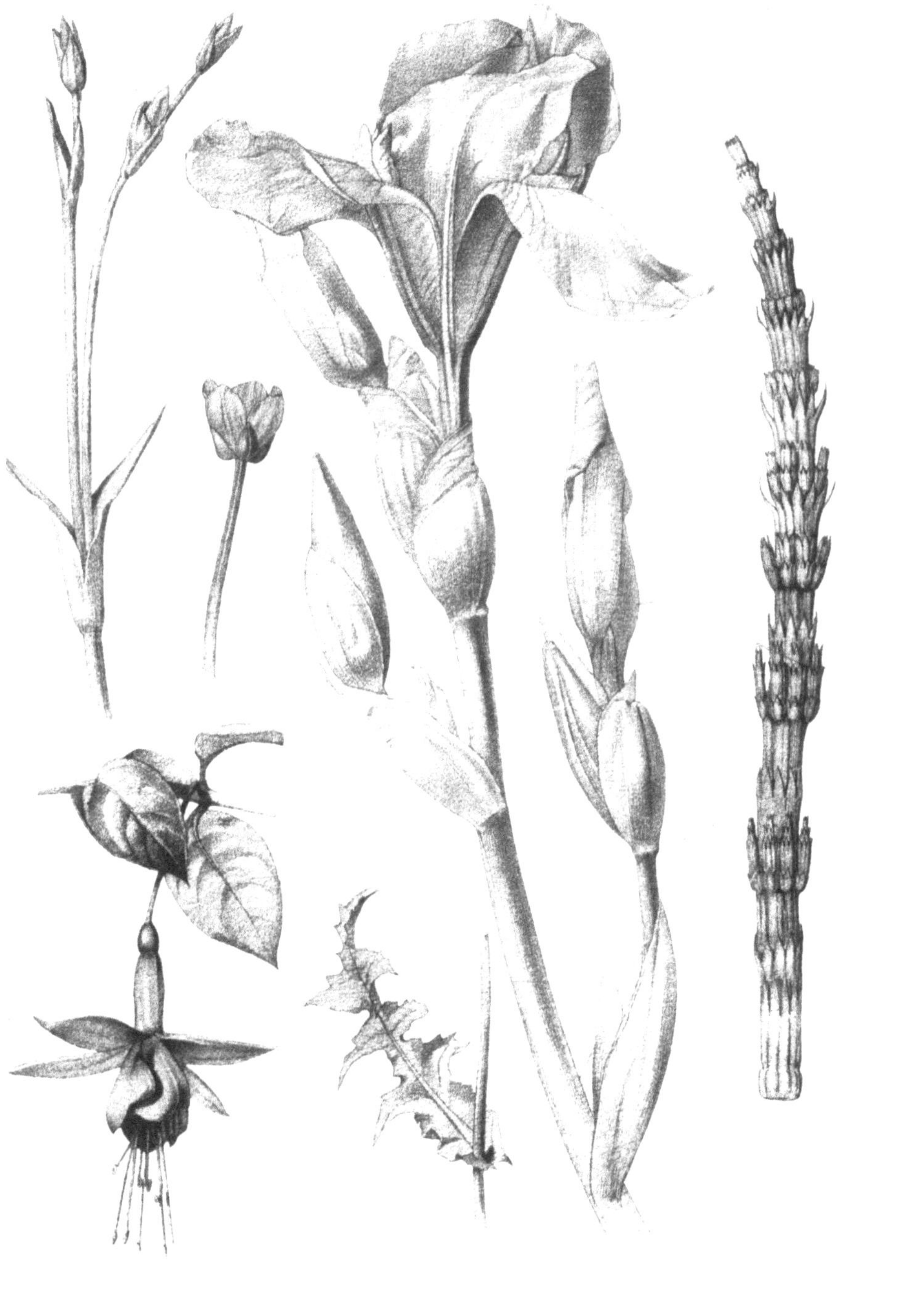

K. Kimmich: Pflanzen nach der Natur.

gereiht statt gewachsen, zusammengesetzt wie kindliche, ungeübte Schriftzüge, gegenüber der mit ausgeschriebener (ausgezeichneter) Hand geschriebenen Schrift. Alles Zeichnen soll den Eindruck des mühelosen

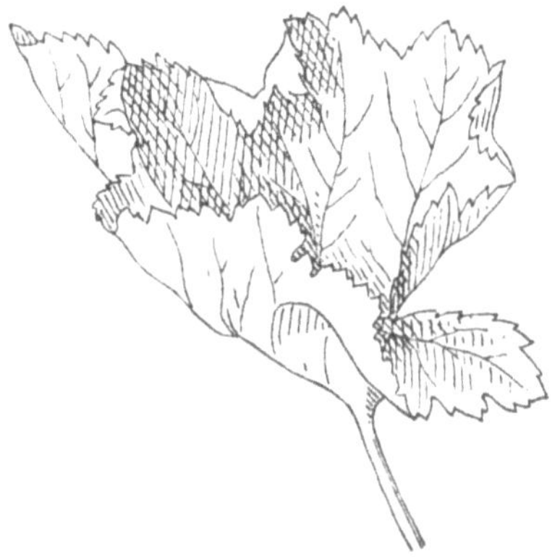

Fig. 693.

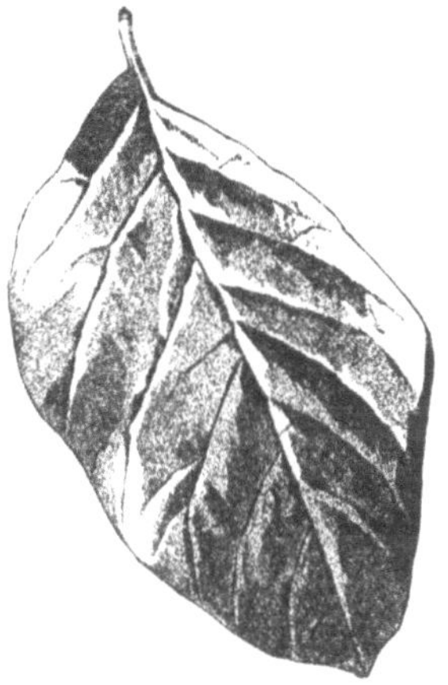

Fig. 694.

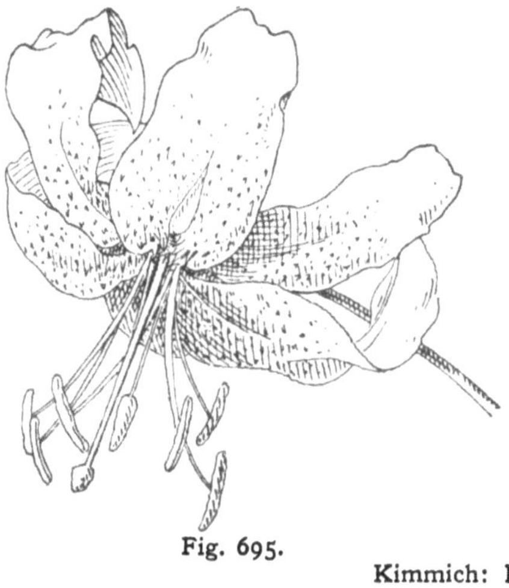

Fig. 695.

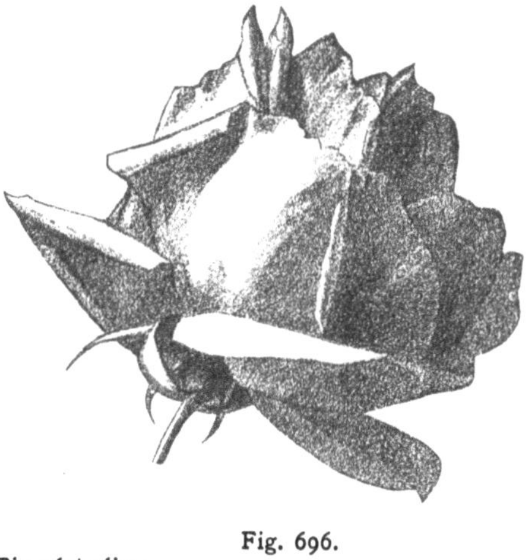

Fig. 696.

Kimmich: Einzelstudien.

Schaffens machen, man darf sich beim Zeichnen nicht beschwert fühlen durch das Sehen und beim Sehen nicht durch das Zeichnen, wenn beides auch zwei getrennte Handlungen vorstellt.

Nach dem Zeichnen einfacher Formen versuche man diese auch in eine farbige Wirkung mittels des Stiftes nach Schatten und Licht darzustellen, entweder in ineinander gewischten Tonflächen oder in Strichlagen, bei letzteren Versuchen wird man sich immer an die Bewegungen

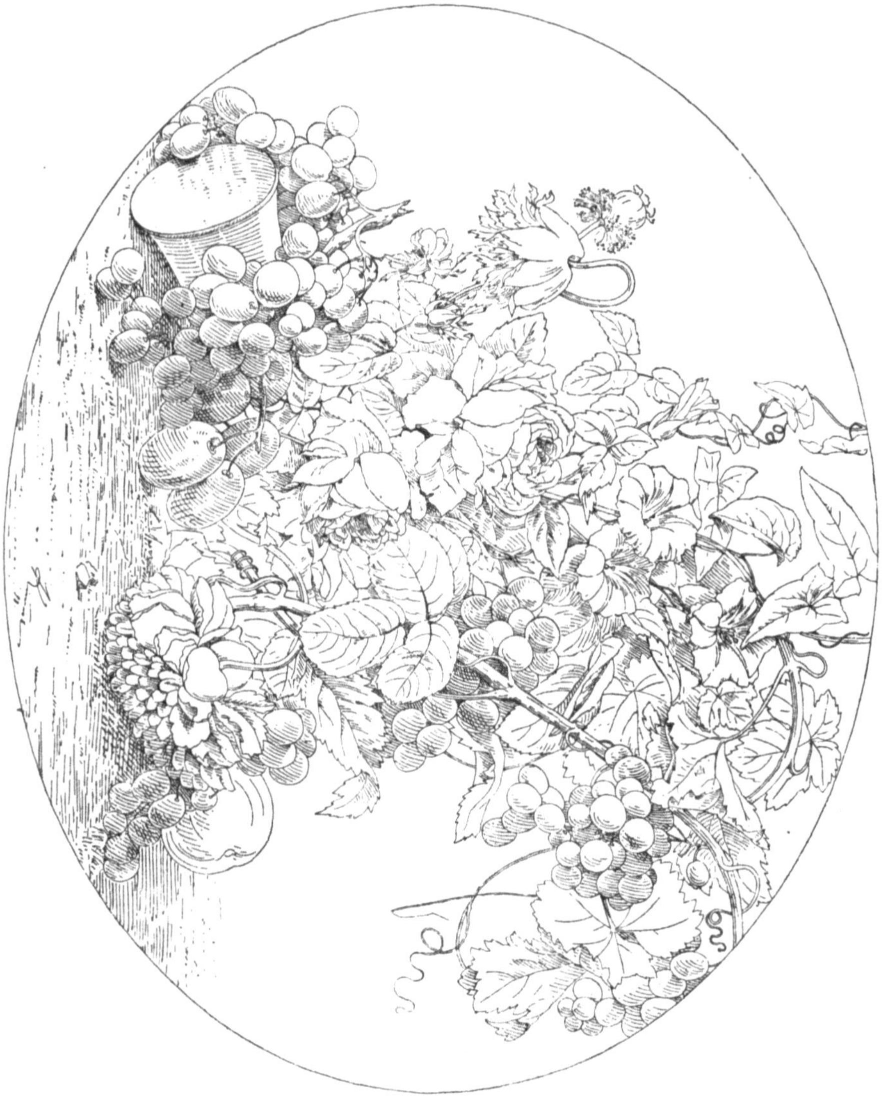

Fig. 697. K. Kimmich: Zusammenstellung nach Einzelstudien.

und das Wachstum der Natur halten müssen. Nach dem Beherrschen der einfacheren Formen gehe man zu schwierigeren über, von einzelnen großen Blumen, wie die großen Glockenblumen, wilde Rose, Dahlie u. a. m., mit möglichst einfachen klaren Formen zu Stengeln mit mehr Blüten und Blättern; von diesen zu kleineren Blüten, einzeln und in Gruppen oder Ballen. Statt weißen Papieres nehme man auch verschiedentlich Tonpapier und setze hier mit Kreide oder Farbe helle Flächen auf. Immer suche man die Tonwerte der Farbe einer Pflanze durch den Stift wiederzugeben. Fleißig übe man, Verkürzungen der Formen zu zeichnen, um die perspektivische Wirkung herauszubekommen. Rückliegende Blätter usw. überlege man mit einem leichten Ton gegen vornliegende. Zur Übung größeren Sicherwerdens ist es gut, statt des Bleistiftes die Feder zu nehmen, schmal, spitz oder breit je nach der Wirkung, die man erreichen will, auch die Benutzung des Pinsels ist aus gleichem Grunde zu empfehlen; dabei zeichne man möglichst wenig mit dem Stift vor und arbeite nur mit Pinsel oder der Feder. Ist man sicherer geworden auch im Beherrschen größerer Pflanzen, so daß einem auch das wechselnde Licht oder die Bewegung der Blume durch Wind nicht viel ausmacht, so gehe man ins Freie und zeichne dort. Ist das wechselnde Licht auf den Pflanzen doch hinderlich, so suche man solche zunächst im Schatten auf. Ist die Umgebung der Blume zu unruhig usw., so schließe man diese gegen störende Nachbarschaft ab durch Dahinterschieben eines Papierbogens, vielleicht von der Farbe seines Zeichenbogens; man hat dann beim Malen gleich die fertige Wirkung, wie die Blume auf seinem Tonbogen zu stehen hat. Geht man von Einzelblumen auf größere Gruppen über, so wird meist mit der Zunahme des Umfanges der Gruppe sich das Eingehen auf feinere Formen der Einzelteile vermindern, so, daß man wohl das Auffälligste, die Hauptmassen der Blumen, die hervortretendsten Blätter und Äste in ihren Effekten darstellt und von ihnen beim Aufzeichnen auch ausgeht, alles Nebensächlichere und auch das Zurückliegende aber nur nebensächlich behandelt. Im übrigen sei auf das Kapitel IX über das Skizzieren von Pflanzen verwiesen.

Der Lehrer schreibe nur dem ungeschickten Schüler in ausführlicherer Weise vor, wie er es machen soll; der findige Schüler soll sich seinen Weg möglichst selbst suchen. Der letztere ist allemal derjenige, der mit einer Vorstellung einer Sache im Kopfe arbeitet, während der andere nur der Nachahmer bleibt, doch aber auch zu verbessern und zur Selbständigkeit zu erziehen ist. Jedenfalls ist jeder auf die Fehler seiner Arbeit zur zunächst eigenen Korrektur aufmerksam zu machen, und erst später mag der Lehrer im allgemeinen seine Korrektur einzeichnen; oft ist aber eine zeichnerische Erklärung neben der Schülerzeichnung von größerem

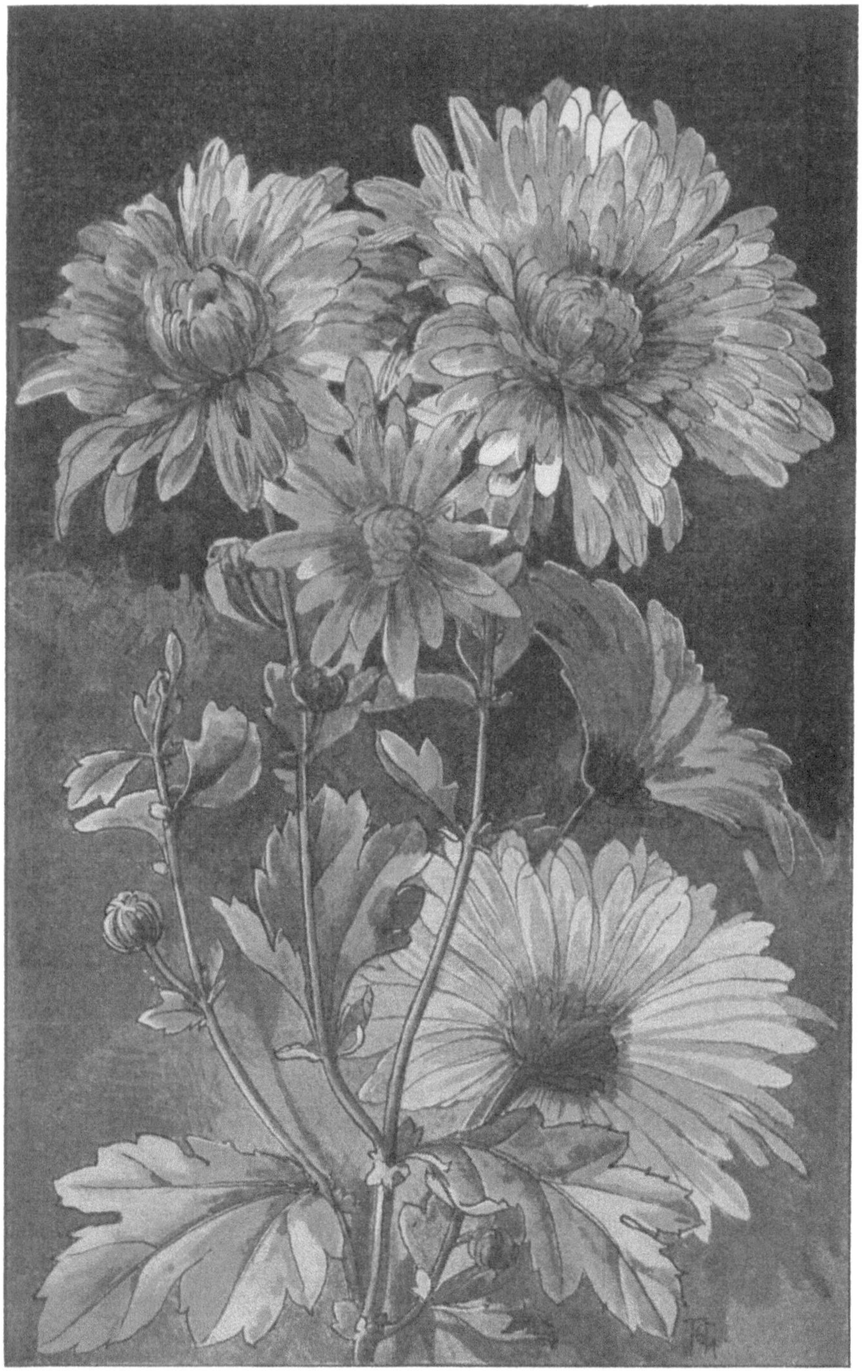

Fig. 698. A. Cammissar: Chrysanthemum nach der Natur.

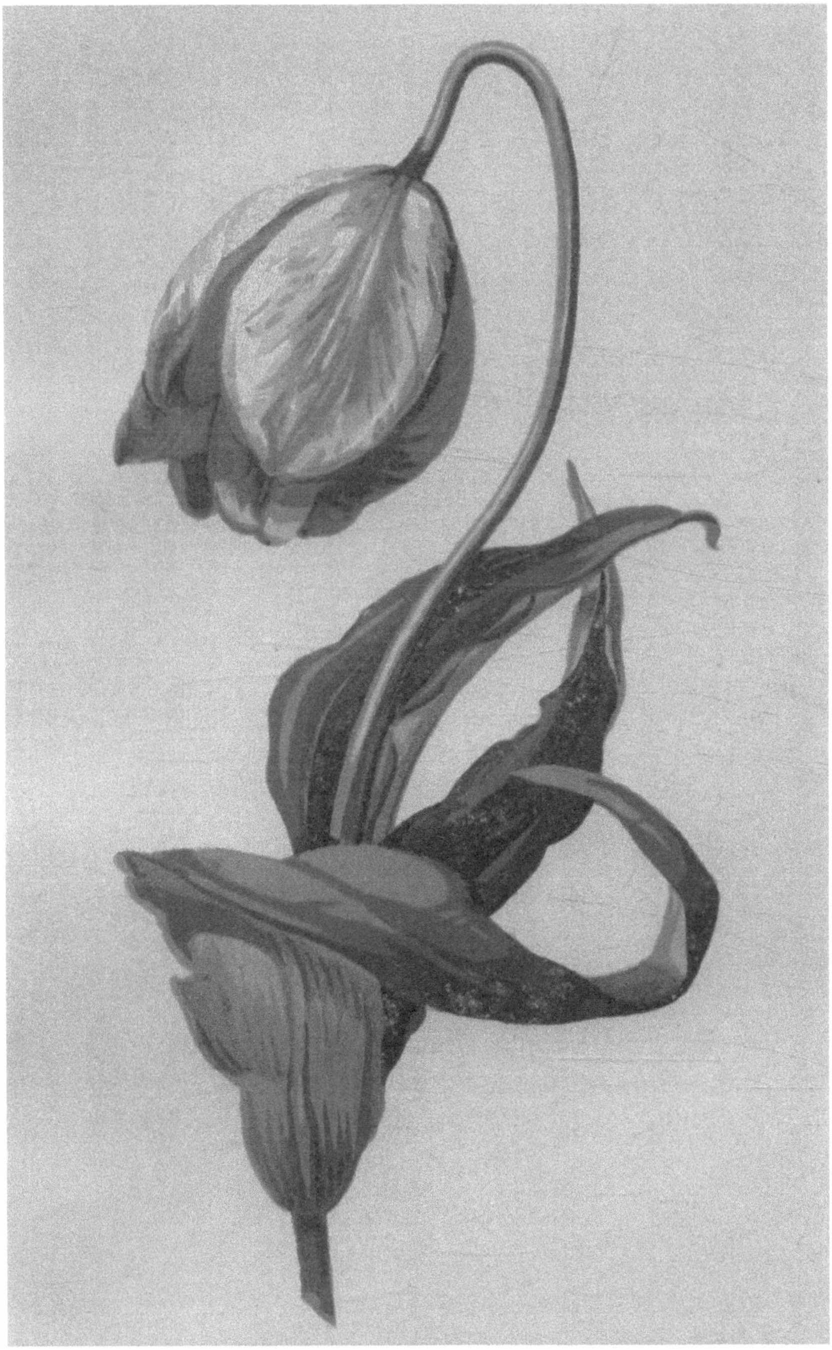

K. Kimmich: Tulpe nach der Natur für Malerei
oder Tapetendruck.

Wert, als auf dieser selbst. — Alles Können, alle Technik, alle Kunst läßt sich nicht aus Büchern lernen, sie will probiert, geübt und in ihrem Wesen erkannt sein. Am besten ist wohl der daran, der sein eigener Richter, sein eigener Meister zu sein versteht durch strenge Vergleiche seiner Arbeit mit dem Original und nach Aneignung genauen Sehens sich das zu sagen versteht, was der andere im Vergleich auch nicht besser sagen kann. Mehr Erziehung zum self made man, nicht zuviel Polizei. Es steckt eine ungeheure Kraft wie in der Pflanze, die alles über ihr Liegende beiseiteschiebt und sich selbst hilft, auch im Kind, nur sind wir leider gewöhnt, ihm zu viel zu helfen, statt ihm nur da nachzuhelfen, wo es bei Aufbietung seiner ganzen Kraft nicht mehr weiter kann, und machen es dadurch schwach und charakterlos.

XI

Das Stilisieren von Pflanzen

Von

Paul Naumann

FSC
www.fsc.org
MIX
Papier | Fördert gute Waldnutzung
FSC® C083411

Kolibri 360 GmbH
Ferdinand-Jühlke-Straße 7
99095 Erfurt, Deutschland
produktsicherheit@kolibri360.de